ENQUÊTE AGRICOLE.

LES CÉRÉALES, LES THÉORIES AGRICOLES

LE LIBRE-ÉCHANGE.

ENQUÊTE AGRICOLE.

LES CÉRÉALES

LES THÉORIES AGRICOLES

LE LIBRE-ÉCHANGE

PAR

Le Comte de RORTHAYS.

NANTES

IMPRIMERIE M. BOURGEOIS, RUE St-CLÉMENT, 115.

1867.

IMPERIAL.
TIMBRE

THÉORIES AGRICOLES.

LIBRE-ÉCHANGE.

J'allais à Saint-Denis, rudement cahoté dans un modeste véhicule, énorme cabriolet à 6 places dans l'intérieur, orné sur l'impériale de 4 à 5 individus appelés des lapins. Il était traîné par un maigre cheval, et connu sous le nom vulgaire de coucou. Dans leurs excursions aux alentours de Paris, le coucou était à cette époque, pour les étudiants, la locomotive la plus usitée. Celui qui eût annoncé qu'un jour, placé dans un confortable wagon, assis sur le moëlleux coussin d'un vaste fauteuil, il serait emporté par la vapeur, sur un chemin de fer, avec la rapidité du vol de l'oiseau, eût été rangé sur la même ligne que Cyrano de Bergerac, voyageant dans la lune.

J'avais pour voisin un Parisien pur sang; il parlait agriculture mieux que bien des livres; il disait combien elle était arriérée, il indiquait les moyens de l'améliorer, de la rendre florissante; chacun eût désiré connaître le nom d'un agronome aussi distingué. Nous atteignîmes la Plaine : l'excellent terrain, s'écria-t-il tout à coup, quelle magnifique végétation, que cette herbe est tendre, nous sommes à peine au mois d'avril, quelle hauteur elle a déjà atteint, on la pourrait faucher. L'herbe qu'on aurait pu faucher était du froment. J'appris plus tard que notre docte théoricien était un gros épicier du Marais, âgé de trente et quelques années, et dépassant les barrières de la ville pour la première fois. Il aimait la lecture et employait les loisirs que lui permettait la vente du sucre et du fromage, à l'étude des théories agricoles, et, dans l'intérêt de l'agriculture, il s'empressait de faire part à tout venant des profondes connaissances qu'il prétendait avoir acquises et dont il était fier.

A l'époque où des théories très-discutables étaient publiées en beau style, propagées en termes choisis, en magnifique discours; alors que fut décidé l'établissement du Libre-Echange, un savant économiste chargé de la rédaction des articles agricoles dans un grand journal (la *Patrie*, si j'ai bon souvenir) s'exprimait ainsi : « Si le pain tombait à très-
» bas prix ce serait un bonheur pour le peuple, *même pour*
» *l'agriculteur*. Le froment est à 20 fr. l'hectolitre, le culti-
» vateur en consomme 5, dépense 100 fr.; il descend à 10 fr.,
» économie 50 fr. »

Barême n'aurait pas mieux dit; mais le paysan est si borné, qu'il ne conçoit pas un calcul aussi simple, il s'obstine à répondre : Nous partageons notre froment en 2 parts; nous récoltons et consommons la première, peu nous importe qu'elle soit chère ou bon marché. Nous vendons la deuxième; si l'hectolitre vaut 20 fr., nous payons nos dépenses et acquittons le loyer de nos fermes : nous sommes ruinés s'il ne rapporte que 10 fr.

Le paysan quelqu'ignare, quelque routinier qu'on le suppose (car ignare, routinier, telles sont les grâcieuses épithètes dont souvent le gratifient MM. les Libres-Echangistes, pour le consoler sans doute de la misère qu'ils lui ont procurée), le paysan quelque ignorant qu'il soit, me semble plus fort que le savant écrivain.

Le rédacteur d'un journal de province, jeune homme de mérite, publiait, sur l'agriculture, des articles qu'on aurait cru très-rationnels et parfaitement rédigés ; il hérite de 180,000 fr., acquiert une propriété importante, met en pratique ses idées qui doivent augmenter sa fortune, 4 ans se sont à peine écoulés et sa ruine est complète.

Un auteur assis devant son bureau, après avoir compilé cent et cent volumes, étudiant l'agriculture dans son jardin qu'il a en perspective, sans se douter que la variété des températures, que le sous-sol qui en tous lieux n'est pas semblable, les matières différentes qui composent les divers terrains, ne permettent pas d'employer dans toutes les contrées, quelquefois en deux champs limitrophes, le même mode de culture, inventera et publiera des théories générales et soi-disant admirables ; il s'affligera de l'ignorance, il s'indignera de l'esprit routinier des laboureurs ; ceux-ci ne pourront alléguer que leur longue expérience transmise de père en fils depuis des siècles ; ils ajouteront : Nos intérêts nous portent à obtenir de la terre tout ce qu'elle peut produire, et malgré de rudes travaux, des essais sans cesse répétés, nous ne pouvons, dit-on, y parvenir, et des faiseurs de théories, sans études préalables, pratiques, du fond de leur cabinet, nous font part de projets qui doivent nous enrichir ; projets impraticables ou ruineux selon nous, projets que, souvent, nous ne comprenons pas. Nous sommes si simples, il est vrai ! Mon Dieu, pourquoi si inégalement répartir vos dons ? pourquoi aux uns tant de génie, la science infuse ? pourquoi aux autres un esprit si borné ?

Moi aussi, je l'avoue à ma honte, en fait de certaines théories, je suis un peu comme ce bon villageois qui, revenant du sermon, rencontre un de ses amis et lui dit : « M. notre curé a-t-il bien prêché aujourd'hui ! Que c'était beau ! Mon Dieu, que c'était donc beau ! — Puisque c'était si beau, répète-moi donc ce qu'il a dit. — Comment veux-tu que je te le répète, c'était si beau que je n'y ai rien compris. »

Et cependant, séduit par de brillants discours, des phrases bien arrondies, je m'étais lancé dans les méthodes nouvelles. J'avais acquis à grand frais le monstrueux Durham, taureau magnifique et *surtout très-utile* : il est impropre au travail, cet animal est sans prix.... il nous vient d'Angleterre. J'avais drainé, acheté des batteuses, des faucheuses, des faneuses, etc. ; des engrais, des amendements en abondance : le produit des récoltes fut triplé ! Vive les théories ! Arriva le décompte, hélas ! cinq fois hélas ! j'avais quintuplé les dépenses. Adieu les théories.

Je dois en convenir néanmoins, la plupart des livres qui traitent de théories agricoles, ont leur utilité.... O vous, affligés d'insomnie, empressez-vous de les lire, c'est un remède souverain.

Le Libre-Echange est l'enfant chéri des prôneurs de théories ; son entrée dans le monde n'a pas été favorablement accueillie : le commerce, l'agriculture n'ont pas eu lieu de s'en féliciter, il est tout à l'avantage de l'Angleterre ; aussi, autrefois, le cri de la France était :

Guerre à l'Anglais, jamais en France,
Non, non, jamais l'Anglais ne règnera.

Aujourd'hui, grâce à l'entente cordiale de Cobden, qui a bien mérité de sa patrie, et de nos libres-échangistes dont je n'en pourrais dire autant, nous pourrions prendre pour devise :

Paix à l'Anglais, toujours en France,
A nos dépens, l'Anglais s'enrichira.

LE PAIN A TROP BON MARCHÉ.

Depuis deux ans à peine, depuis le Libre-Echange, le froment est à 14 et 15 fr. l'hectolitre; déjà bien des travaux sont suspendus, déjà le commerce souffre et commence à se plaindre; si cet ordre de chose se prolonge, qu'en résultera-t-il?

Les eaux du Nil débordées fertilisent les terres de l'Egyptien, et lui procurent sans peines et sans dépenses une riche moisson.

En Sicile, le grenier de l'Italie, la vie est à bon marché, la main-d'œuvre est peu payée.

Le paysan russe est serf, attaché à la glèbe. Le boyard (ou seigneur) reçoit les produits de ses terres, sans frais pour ainsi dire, et peut les livrer à bas prix.

En Amérique, quelle immense étendue de terrains excellents, de terres nouvelles, de terres vierges à défricher, qui se défrichent peu à peu, et qui, pendant longtemps encore, produiront sans fumure d'abondantes récoltes.

L'agriculteur, en France, laboure, il est vrai, quelques

terres fertiles, mais il lui faut aussi cultiver des sables, des landes et des terrains fatigués, épuisés par le manque d'engrais et par la culture des mêmes plantes trop souvent répétée. Il achète le fumier, le guano, le noir, etc., un prix exorbitant ; il paie un journalier 2 ou 3 fr. par jour ; si sa famille n'est pas assez nombreuse pour qu'il puisse faire valoir sa métairie par lui-même, il gagera un domestique auquel il donnera (nourriture comprise) 350 à 400 fr. tous les ans ; il est chargé de lourds impôts augmentés d'un tiers dans certaines contrées par sa quote-part contributive, affectée à la construction et à l'entretien des routes de grande communication et des chemins vicinaux. Comment, dans de telles conditions, pourra-t-il soutenir la concurrence ?

Les étrangers encombreront nos marchés de leurs froments, qu'ils livreront à bénéfice au prix de 14 et 15 fr. l'hectolitre, et nous serons contraints de donner à 14 et 15 fr. des blés qui nous reviennent à 20 fr. 50 et 21 fr.

Le prix d'acquisition des engrais n'étant plus compensé par le produit des récoltes, le colon renoncera à des achats qui ne serviraient qu'à avancer le moment de sa ruine ; il ne pourra plus ensemencer la même étendue de terrain, de là, diminution de paille, par conséquent d'engrais ; de là aussi, récolte moins abondante, et l'habitant des campagnes, loin de pouvoir alimenter les villes, s'estimera heureux s'il obtient de la terre le blé qui doit nourrir sa femme et ses enfants.

Les domaines alors seront affermés à bas prix.

La fortune amoindrie du grand propriétaire le contreindra à régler ses dépenses ; il donnera moins de ces bals, de ces fêtes brillantes qui faisaient valoir le commerce ; il ne remplacera plus les vieux logements de ses fermiers par des constructions nouvelles, il se bornera à y faire les réparations indispensables ; il remettra à un temps plus opportun le renouvellement de ses meubles, de ses équipages ; il n'ornera plus à grands frais ses salons de tableaux, d'objets d'art et de coûteuses fantaisies.

Le propriétaire aisé qui, en province, se permettait l'équipage, renoncera au cocher, aux chevaux, à la calèche, et le carrossier, le boucher, l'épicier, souffriront de la plus grande économie que la diminution de ses revenus le contraindra d'établir dans sa maison.

Le cultivateur qui, pour ses travaux, avait recours aux bras étrangers, éprouvant une perte notable, n'emploiera plus le journalier.

Ainsi donc, les maçons, charpentiers, couvreurs, etc., en un mot, tous les ouvriers employés à la bâtisse ; les journaliers, les commerçants, les artistes mêmes, ne tarderont pas à gémir en éprouvant le résultat déplorable du bien-être momentané que leur avait procuré le pain à trop bon marché.

Sous le premier empire, nos ports étaient bloqués, le sucre qui nous revient à 1 fr. 50 le kilog., était à 16 et 18 fr. ; maintenant, sans trop de désavantage, la betterave peut tenir lieu de canne à sucre.

Si nous avions la guerre (nos récoltes en blé ne pouvant suffire aux besoins du pays), si les flottes ennemies, plus nombreuses que la nôtre, ne permettaient pas à nos vaisseaux de protéger nos bâtiments marchands, il en serait du blé ainsi qu'il en était du sucre sous le premier empire : on se privera de sucre, mais on ne peut pas se passer de blé, et la science qui a inventé le sucre de betterave, n'a malheureusement pas encore découvert la denrée qui pourrait remplacer le froment.

On nous répète sur tous les tons : cultivateurs, faites progresser l'agriculture, vous soutiendrez la concurrence.

« Donnez-nous à cultiver des terres semblables à celles

» de l'Egypte, qui produisent sans engrais, des ouvriers à » bas prix comme en Sicile.

» Procurez-nous les serfs des boyards de Russie, qui la» boureront nos terres et rempliront nos greniers à peu de » frais ; des terrains excellents qui n'ont jamais encore pro» duit de céréales, tels que ceux d'Amérique ; alors, seu» lement alors, nous ne craindrons pas la concurrence, » et comme nous sommes tout aussi intelligents, tout aussi » laborieux que le serf russe, que le copte égyptien, etc., » nous la soutiendrons même avec avantage, nous aimons » à le croire. »

On parle de progrès !

Tant que le fumier, le guano, le noir, ne pourront être acquis qu'à grands frais, que nos blés ne s'écouleront qu'à vil prix, malgré les plus sages conseils, nonobstant les meilleures théories, l'agriculture sera en souffrance et périclitera.

Qu'au contraire, le prix des céréales soit assez élevé pour qu'il y ait bénéfice à employer des engrais et des amendements, elle fera de rapides progrès.

Si la position faite à l'agriculture, position qui l'entraîne fatalement vers sa ruine, ne s'améliore pas, lui parler de progrès, c'est proposer un remède à l'homme atteint de maladie mortelle.

Plus habitué à manier la charrue qu'habile à se servir de la plume, le laboureur ne peut faire usage de la presse, et publier le récit de ses misères ; aussi combien peu de personnes étrangères à l'agriculture connaissent ses souffrances, et cependant, c'est la moitié de la population au moins, vingt millions d'hommes qui se plaignent.

Terminons en rapportant la réponse que nous fit un journalier, réponse qui a quelque rapport avec le sujet qui nous occupe.

En 18.. (peu importe l'époque), le froment était à 15 fr. l'hectolitre ; le fermier qui s'était endetté pour satisfaire à ses engagements, le propriétaire dont les terres étaient exploitées à moitié fruits, obligé de céder sa récolte à bas prix, ne faisaient plus travailler. Un journalier vint me prier de l'employer. C'est impossible, lui dis-je, j'ai déjà plus d'ouvriers que je n'en puis occuper. Mon Dieu que devenir ! s'écria-t-il, il faudra donc mendier ou mourir de faim ! Je lui fis observer que le pain étant à très-bon marché, trois journées de travail le nourrissaient toute la semaine ainsi que sa famille. Monsieur, répondit-il, j'aimerais mieux qu'il fût plus cher et avoir de l'ouvrage : ne valût-il que 5 centimes le kilogramme, en serais-je plus avancé, si je ne gagne pas ces 5 centimes pour le payer ?

L'ÉCHELLE MOBILE

Impuissante à empêcher la Baisse.

CONSEILS DONNÉS AUX AGRICULTEURS.

RÉPONSE.

« L'Echelle-Mobile, dit-on, ne peut empêcher la baisse » des prix. De 1829 à 1832, notre récolte était insuffisante; » de 1821 à 1856, elle s'est élevée de 58 millions d'hecto- » litres à 88 millions, et de 1856 jusqu'à ce jour, elle a » continué sa marche progressive; nous produisons plus » que nous ne consommons, il faut exporter cet excédant » et subir les prix que fait la concurrence. »

Si notre production, insuffisante en 1826, pouvait, dès 1832, déjà satisfaire aux besoins du pays et a plus tard continué jusqu'à ce jour sa marche progressive, ce n'est pas uniquement depuis quelques années à peine, depuis la suppression de l'Echelle-Mobile, mais depuis longtemps que, produisant plus que nous ne pouvions consommer, il nous fallait exporter l'excédant de nos récoltes. Pourquoi, si l'Echelle-Mobile ne peut empêcher la baisse des prix, n'étaient-ils jamais tombés aussi bas qu'en 1864, 1865, aussi bas que depuis qu'elle n'existe plus ?

« La prohibition des blés étrangers sera impuissante à » empêcher la baisse. »

Des personnes entrent dans un magasin, combien le mètre, disent-elles en désignant l'objet qu'elles désirent acheter ? — 20 francs. — 16, si vous voulez ? — C'est impossible, il me coûte 19. — Ces personnes se rendent chez d'autres commerçants ; même demande, même réponse ; la chose étant pour elles indispensable, elles l'eussent payée 20 francs. Mais des étrangers arrivent dans la ville, et font connaître à tous, qu'ils livrent cette même marchandise à 16 francs le mètre, les commerçants de la localité sont contraints de donner à 16 francs ce qui leur a coûté 19, perte énorme qu'ils n'eussent pas éprouvée, si la concurrence étrangère eût été interdite.

Tel est pour nos grains le résultat de la concurrence étrangère sur nos marchés ; sans cette fatale concurrence, nous obtiendrions donc de nos récoltes un prix plus élevé.

Et cette menace perpétuelle d'importation *suivie d'effet* dès que nos blés tendent à dépasser le taux fixé par l'étranger, cette menace, semblable à l'épée à peine retenue par un faible fil, sans cesse suspendue sur la tête de Damoclès, ne porte-t-elle pas à notre agriculture le coup le plus funeste?

« Comme le Midi achète du blé au lieu d'en vendre, ce » n'est pas lui qui se plaindra des bas prix. »

La première année il ne se plaindra pas, mais plus tard, lorsque la gêne occasionnée par la diminution de nos revenus ne nous permettra plus de faire valoir, autant que par le passé, sa soie, ses vins, ses olives, les produits de son industrie, ainsi que nous, il se plaindra sans doute.

« Nous sommes loin, prétend-on, de fournir toute la

» viande que nous consommons ; *en 1864*, il nous a fallu » demander à l'étranger plus d'un million de têtes de bétail : » bœufs, moutons, porcs, etc., ce déficit est considérable. »

Est-il incontestable que nous sommes loin de produire toute la viande que nous consommons ? *En 1864*, les foins ont manqué, la paille était moins abondante qu'en 1863, la trop grande sécheresse de l'été a nui au développement des plantes fourragères, et a diminué leur produit ; la disette des fourrages a été telle, que des bestiaux on péri faute de nourriture ; doit-on s'étonner qu'*en 1864*, il y ait eu déficit dans la production de la viande, et qu'il ait fallu s'adresser à l'étranger pour combler ce déficit ?

Et on ajoute : « C'est à le combler que notre agricul» ture doit travailler ; donnons une plus grande extension » aux plantes fourragères, élevons plus de bestiaux. »

On nous conseille de changer tout notre système agricole ; mais le changement du système agricole d'un grand pays tel que la France, ne s'opèrerait pas aussi rapidement et avec autant de facilité qu'on semblerait le croire, cette entreprise a ses difficultés et demande du temps.

Une grande partie du terrain sera employée à la culture des plantes fourragères ; pendant quelques années, les récoltes en céréales seront moins abondantes, et le blé qui manquera au métayer pour sa nourriture et celle de sa famille, devra nécessairement être avancé par le propriétaire. Les trèfles, les luzernes semés au printemps, ne seront en plein rapport que l'année suivante, alors il faudra se procurer à grands frais des animaux producteurs, les élèves ne se vendront qu'à l'âge de 2 ans au plus tôt ; pour mettre à l'abri les fourrages récoltés en plus grande quantité, loger le bétail devenu plus nombreux, on devra agrandir les granges et les toits. Ainsi, pour commencer, avances faites au colon, diminution de revenu ; plus tard, augmentation considérable de déboursés, et lorsque *tous* auront élevé plus de bestiaux, n'est-il point à craindre qu'il en advienne de la viande ainsi qu'il en est du blé, qu'il y ait excès dans la production, et que cet excès amène l'avilissement du prix ? Si tel était le résultat de l'entreprise, nos dépenses, nos travaux, loin d'avoir contribué au bien-être de l'agriculture, auraient au contraire augmenté sa détresse.

Le propriétaire, en général, vit honorablement du produit de ses terres, mais ne met pas d'argent en réserve, et les années 1864, 1865, ne l'ont pas enrichi. Pour faire face à toutes ces dépenses, empruntera-t-il, frais d'acte, d'enregistrement, d'hypothèque compris, à 6 pour cent, tandis que sa propriété ne lui rapporte que 2 1/2 ? Lâchera-t-il la proie pour l'ombre ? Mettra-t-il en péril une partie de sa fortune, en la risquant dans une entreprise dont les avantages et les résultats sont si incertains ?

On termine ainsi : « L'agriculteur peut donc prendre » *hardiment* pour base l'élève du bétail, car il faut espérer » que la prospérité publique continuera à progresser. »

Nous avons déjà dit pourquoi l'agriculteur ne peut pas prendre *hardiment* pour base l'élève du bétail. Quant à la prospérité qui continuera à progresser, tant que l'agriculture (les trois quarts de la population) sera en souffrance, ce n'est pas la prospérité, mais la misère, qui pourra progresser.

Les théories sont merveilleuses, mais ceux qui les mettent en pratique sont souvent victimes d'amères déceptions.

POUR ET CONTRE

LE LIBRE-ÉCHANGE.

J'ignore quelles sont les limites de la liberté permises à la presse, les journaux eux-mêmes ne les connaissent pas, car les communiqués ne leur font pas défaut, et il leur est souvent infligé des avertissements sous le poids desquels ils succombent.

Cependant si toute liberté est accordée à l'enquête, ainsi qu'on l'a promis, il doit être permis de combattre les assertions des ministres d'Etat chargés de soutenir la discussion ; sinon l'enquête n'est plus libre.

Je ne contesterai que quelques-uns de leurs principaux arguments : les discuter tous m'entraînerait trop loin.

« La liberté du commerce des grains existe partout, en » Angleterre, en Hollande, en Allemagne, en Russie, etc., » excepté en Espagne. »

Les Allemands, les Russes, les Hollandais, etc., s'estiment très-heureux de la liberté du commerce des grains ; ils les vendent en France et en Angleterre plus cher qu'ils ne leur ont coûté à cultiver. L'Angleterre s'en félicite, elle l'a appelé de tous ses vœux ; elle est loin de récolter le blé nécessaire à sa consommation ; plus les concurrents sont nombreux sur ses marchés, plus la baisse se prononce à son profit.

En Espagne ainsi qu'en France, au contraire, le produit des récoltes suffit à l'alimentation du pays; le commerce intérieur des céréales récompense convenablement les pénibles travaux du laboureur; le gouvernement espagnol a la sagesse, la prudence de ne pas appeler la concurrence étrangère, qui, produisant la baisse, ruinerait l'agriculture.

« Cette liberté du commerce des céréales est une loi né-
» cessaire, une assurance mutuelle contre l'immense dé-
» sastre des famines. Avoir ce grand commerce de Marseille,
» c'est avoir une caisse d'assurance contre la famine :
» vous voudriez briser cet instrument! »

C'est de l'épouvantail de la famine que M. Rouher tire ses principaux arguments. Il semblerait que ce terrible fléau est sans cesse à nos portes; j'ai vu le blé à très-haut prix, mais jamais de véritables disettes, et l'histoire en mentionne bien peu.

Si les famines sont aussi fréquentes, *le Libre-Echange*, *notre unique*, *notre indispensable défenseur*, *caisse d'assurance contre la famine*, fonctionnant depuis peu, conçoit-on que sous le régime *suranné* de l'Echelle-Mobile, impuissante à nous protéger, nous ne soyons pas morts de faim.

« Quoi, cette nation a au Midi un port de mer *destiné à*
» *conjurer la famine;* elle a au Nord une production abon-
» dante, et au-delà de la Manche, pour écouler le surplus
» de cette abondance, le marché anglais. Lorsque je réflé-
» chis à ce problème, ma raison reste confondue, et vous
» voulez détruire cette savante organisation.

Nous aussi, notre raison reste confondue lorsque nous réfléchissons à ce problème, à cette situation exceptionnelle, admirable, à cette savante organisation qui, par l'effet du commerce libre, n'a d'autre résultat que d'encombrer nos ports de marchandises étrangères qui, par leur concurrence, avilissent le prix des nôtres.

« Plus de deux millions d'hectares ont été employés » depuis 1854 à des cultures améliorées. Ainsi l'agriculture » qui ne peut faire, dit-on, de progrès qu'à l'aide de ses » bénéfices, a fait tout à la fois bénéfices et progrès. »

Autrefois l'agriculteur (le blé étant à 20 ou 22 fr. l'hectolitre), *quelque arriéré*, *quelque routinier*, *quelque ignorant* qu'on le prétende, comprenait cependant que, pour lui, il y avait bénéfice ; il achetait des engrais et défrichais deux millions d'hectares qu'il consacrait à des cultures améliorées. Depuis le Libre-Echange, il vend 16 fr. ce qui lui revient à 20 ; malgré *son peu d'intelligence,* il conçoit qu'il y perd ; il n'achète plus d'engrais, il ne défriche plus déjà, il délaisse ses anciens défrichements, et le progrès, jadis marchant en avant, devient le progrès de l'écrevisse, le progrès à reculons ; où s'arrêtera-t-il ? à la ruine complète de l'agriculture.

« Il m'est permis de le dire, à moi qui, pendant 8 années » passées au ministère de l'agriculture, ai vu se développer » tous les progrès de notre culture nationale, le tableau » que vous avez fait de la détresse croissante de l'agricul- » ture, n'est pas exact. » *(Réponse à M. Thiers.)*

Le ministre s'enquiert combien rapporte dans la commune un hectare ensemencé en froment. D'après ses ordres transmis par le préfet, le conseil municipal s'assemble, le maire demande l'avis des conseillers ; l'un craignant que ses impôts ou son prix de ferme soit augmenté, prétend que le rendement est de 6 à 8 pour 1 ; l'autre fait valoir sa propriété par lui-même, il est fier de quelques prétendues améliorations dues, selon lui, à son initiative, il ne peut croire à l'augmentation des impôts, qu'il juge déjà beaucoup trop élevés, il déclare 8 à 10. Chacun prend fait et cause pour l'un ou pour l'autre orateur ; on s'anime, la séance menace de devenir orageuse, le maire avoue l'embarras qu'il éprouve à décider entre des appréciations aussi contradictoires, il pense qu'il faut prendre un terme moyen et propose le chiffre 9.

Le conseil adopte cette proposition à l'unanimité, et la délibération parvient plus tard au ministère.

C'est sur ces documents et bien d'autres encore, tous aussi exacts, sur des investigations aussi minutieuses, que le ministère de l'agriculture se forme une opinion bien arrêtée ; et comparant entre eux, coordonnant ces *véridiques* renseignements sans sortir de son cabinet, il juge mieux que nous qui, non pas depuis huit ans, mais depuis 10, 20, 30, 40 ans, etc., vivons, si je puis m'exprimer ainsi, au milieu des faits, il juge mieux que nous de la vérité des choses, et tranche la question.

« Je ne nie pas cependant les souffrances de l'agricul-
» ture, un excédent de production a amené l'avilissement
» du prix.

Est-ce que cet excédent de production est le seul que Dieu nous ai accordé ? Est-ce qu'autrefois nous n'avons pas eù d'abondantes récoltes qui dépassaient les besoins du pays ?

Si l'avilissement du prix provient d'un excédent de production, et non par conséquent du Libre-Echange, d'où vient que jamais nos blés n'avaient éprouvé une dépréciation aussi constante, aussi prononcée, que celle qu'ils subissent depuis qu'il nous est imposé ?

« On propose d'établir un droit fixe. A quoi bon ? Sur
» tous les marchés, le blé se maintient à un prix plus
» élevé qu'en France. »

Ainsi l'étranger a transporté à grands frais ses blés dans nos ports afin de nous les livrer à un prix moins élevé que celui qu'il aurait obtenu sur tout autre marché. Il se montre bien généreux, et témoigne un grand désir de nous être agréable.

« On a dit que la France ne pourrait résister à l'importation des blés étrangers. Cet argument n'est pas nouveau. Quand la question du bétail a été posée, on a dit que l'entrée du bétail étranger ruinerait l'agriculture. L'entrée du bétail n'a pas fait baisser les prix. »

Je vous avais prédit que votre cheval vicieux ne vous casserait pas le bras, et cet oracle était aussi sûr que celui de Chalchas; il ne vous a pas cassé le bras, donc, quoique vous jetiez les hauts cris, quoique vous en puissiez dire, il est impossible qu'il vous ait cassé la jambe.

Nous parlons blé, on nous répond bétail.

Quoi! parce que la liberté du commerce n'a pas fait baisser le prix du bétail, il est impossible qu'elle ait fait baisser le prix du blé!

« Il semblait qu'il y avait sur la frontière une armée de bœufs, qui, la tête baissée, attendaient la levée de la douane pour se précipiter sous le couteau du boucher. » (Pourquoi ne pas dire avec plaisir ?)

Les étrangers qui auraient eu de grands frais à supporter pour conduire cette armée en France, afin qu'elle se précipitât, tête baissée sous le couteau du boucher, n'ont pas cru, dans leur intérêt, pouvoir nous procurer ce spectacle émouvant.

« La baisse du bétail n'a pas eu lieu. »

La terrible épizootie qui sévit en Angleterre n'aurait-elle point, par hasard, contribué à nous préserver de ce malheur?

« La baisse n'a pas eu lieu, mais aujourd'hui le cultivateur consomme 27 hilogrammes de viande de boucherie, par tête et par an, tandis que sous l'ancien régime il n'en consommait que 3 à 5 kilogrammes. »

Excepté quelques fermiers dans la banlieue de Paris, des environs des grandes villes, de propriétés de 10, 20, 30 ou 40,000 fr. de rentes, plutôt bourgeois qu'agriculteurs, les véritables, les nombreux agriculteurs qui soignent et élèvent le bétail, qui dirigent leur charrue, qui tracent le sillon, ne consomment pas plus, depuis l'établissement du Libre-Echange, 27 kilogrammes de viande chaque année et par tête, qu'ils ne les consommaient du temps de l'Echelle-Mobile. Ils se nourrissent de pain, de laitage, de légumes, des fruits de leurs jardins, et, selon leur fortune, de la moitié ou de la totalité de la chair d'un cochon qu'ils ont acheté jeune et qu'ils ont engraissé. La seule viande de boucherie qu'ils se permettent est un de leurs veaux ou un de leurs moutons qu'ils tuent lorsqu'ils marient un de leurs fils ou de leurs filles.

« L'agriculture a fait d'abandantes récoltes. Elle a fait » tout à la fois bénéfice et progrès. »

Cependant elle se plaint.

« Quand le prix de la vente s'est élevé, le prix de la laine s'est naturellement abaissé. »

Le fermier possède la quantité d'animaux que lui permet de nourrir l'étendue et le plus ou moins de fertilité du terrain dont il jouit. Le prix de la viande s'étant élevé, il met ses moutons à l'engrais. Pour leur fournir une nourriture plus abondante, il se défait d'une partie de son troupeau ; ayant moins de moutons, il a moins de laine, la marchandise devient plus rare, et la rareté de la marchandise, ordinairement, loin de le diminuer, en augmente le prix.

Il se plaint lui aussi.

A tort ou à raison la sériculture se plaint.

Les cultures oléagineuses faisaient merveille ; si elles ont perdu de leur prix, qu'elles s'en prennent à l'huile de pétrole.

« Les départements du Midi et de l'Hérault ont récolté

» une grande quantité de vins qu'ils ont brûlé » (ce qui ne prouve pas en faveur du prix qu'ils en auraient obtenu), « aussitôt s'est produite la baisse de cette denrée. »

Bas prix de vin en nature, baisse du vin changé en alcool, qu'y faire ? A la grâce de Dieu ! Le gouvernement sans doute n'y peut rien ; Dieu seul, peut donner aux viticulteurs de l'Hérault et du Midi, l'idée d'un remède efficace.

En attendant ils se plaignent.

« On nous avait menacé de l'invasion des vins étrangers, » une invasion a eu lieu, mais de la France à l'étranger. » Plus d'un propriétaire bordelais a, depuis quelques an- » nées, payé le prix de l'acquisition de son vignoble avec le » produit de ses récoltes. »

Et il en est de ces ingrats Bordelais (comment jamais les contenter !) qui ne rougissent pas de se plaindre !

On ne parle pas des saulniers, quoiqu'ils aient présenté au ministre mainte et mainte pétitions qui peignent leurs souffrances ; pourquoi s'inquièteraient-ils ? leurs plaintes ne sont, sans doute, pas mieux fondées que celles des producteurs de céréales.

Leurs plaintes continuent.

De toute part on se plaint ; cependant la pisciculture ne se plaint pas, on la cultive avec amour dans le lac du bois de Boulogne ; depuis longtemps elle fait de rapides progrès.... nous n'avons pas encore goûté de ses produits.

C'est la monomanie de la plainte, cette espèce d'épidémie dont la plupart des cultivateurs sont affectés, a fait son apparition en France, peu de temps après l'invasion du Libre-Echange. Sous le régime de l'Echelle-Mobile, cette maladie était à peu près inconnue ; que bon entendeur comprenne !

L'ENQUÊTE AGRICOLE

ET

LE LIBRE-ÉCHANGE.

L'empereur, le ministre de l'agriculture, le commissaire du gouvernement, les journaux, quelle que soit leur opinion, les libres-échangistes eux-mêmes, tous conviennent de la détresse de l'agriculture et en recherchent la cause ; un grand nombre, plutôt que d'en rendre responsable le Libre-Echange — quoique de son invasion datent nos misères et par suite nos plaintes — l'attribuent ;

« A l'abandon des campagnes ? »

Améliorez le sort du paysan, donnez-lui la poule-au-pot du bon Henri IV, procurez-lui les mêmes avantages qu'il espère obtenir à la ville, où, démoralisé, au lieu du bien-être, il ne rencontre souvent que la misère, quelquefois l'infâmie, il n'émigrera pas. D'ailleurs, le métayer renonce rarement, pour ainsi dire jamais, à sa chaumière : ceux qui abandonnent la campagne pour se fixer dans les villes, sont les habitants des bourgs, les petits marchands, les charpentiers, les menuisiers, les maçons, etc., gens qui ne labourent pas la terre et dont l'absence n'influe pas sur les produits agricoles.

« Au taux élevé du transport des marchandises ? »

Le prix de ces transports a-t-il été augmenté depuis l'établissement du Libre-Echange ?

« Au défaut de communications ? »

Les communications ont-elles été interceptées ? Est-ce qu'au contraire des routes en cours d'exécution n'ont pas été terminées ? de nouvelles voies ferrées n'ont-elles pas été ouvertes ? n'a-t-on pas pour améliorer nos ports dépensé des sommes importantes ? D'où vient donc — si ce n'est pas par le fait du Libre-Echange — que malgré tous ces nouveaux et nombreux éléments de prospérité, les souffrances de l'agriculture s'accroissent chaque jour ?

« Au dommage causé à l'agriculture par la conscription? »

Depuis le Libre-Echange, les conscrits ont-ils été appelés en plus grand nombre sous les drapeaux ? Non. Ce n'est donc pas là qu'il faut chercher la cause de nos souffrances ; et si ce n'est pas là, d'où vient que de jour en jour elles deviennent de plus en plus intolérables depuis l'envahissement du Libre-Echange ? Le calomnierait-on en les lui attribuant ?

« Au trop haut prix de la main-d'œuvre ? »

Reprocherons-nous à un malheureux journalier les 2 fr. par jour qu'il est *censé* gagner ? Car de ces 2 fr. par jour, on doit retrancher 56 dimanches et fêtes dans l'année, les jours de pluie où le travail est impossible dans les champs, les chômages qui sont nombreux pendant l'hiver, sans parler des maladies qui peuvent l'atteindre ; et il faut qu'il paie un loyer de maison, qu'il se procure, ainsi qu'à sa femme et à ses enfants, le pain et toutes les choses nécessaires à la vie. Je suis encore à concevoir ce prodige d'économie. Que le froment nous rapporte 21 fr. l'hectolitre, récolte ordinaire, et 24 à 26 fr., récolte au-dessous de la moyenne, nous ne nous plaindrons pas du prix de la journée : ce n'est pas la main-d'œuvre qui est trop chère, c'est le blé qui est à trop bon marché depuis que fonctionne le Libre-Echange.

On l'attribue enfin à l'élévation des impôts.

Le ministre des finances, le commissaire du gouvernement affirment que la recette de 2 milliards peut à peine faire face aux dépenses; les députés que nous avons nommés, choisis de préférence à tous autres, chargés de défendre nos intérêts, conviennent qu'il en est ainsi, et ont voté les 2 milliards en notre nom, à l'unanimité. Un dégrèvement n'est pas possible; d'ailleurs que signifierait un dégrèvement, fût-il considérable ? Le gouvernement nous exonérerait de tout impôt; il améliorerait le sort de l'agriculture, mais ne mettrait pas fin à sa détresse. Il est avéré, il est bien constaté qu'au prix actuel des froments, le cultivateur perd 4 fr. par hectolitre; sur une ferme de 1,000 fr., il récoltera 100 hectolitres; perte, 400 fr.; les impôts sont de 150 à 160 fr.

Que le crédit agricole, s'écrie-t-on, vienne au secours de l'agriculture, et l'agriculture sera sauvée.

Depuis longtemps fonctionne le Crédit agricole, et infidèle à son titre, il a bien peu crédité l'agriculture : pouvait-il, peut-il en être autrement ?

Quelle est la société assez philantrope, assez désintéressée pour prêter à 2 1/2 du cent, tandis qu'elle peut obtenir de ses capitaux 5, sur bonne hypothèque, et 6 pour cent dans le commerce ?

Quel est l'agriculteur, s'il n'est bien décidé à se ruiner, qui empruntera à 5 ou 6 du cent, pour améliorer ou agrandir sa propriété qui ne lui rapporte que 2 1/2 ?

On prétend qu' « un excédant de production, et non » le Libre-Echange, a amené l'avilissement du prix. »

La fertilité du sol date-t-elle de l'établissement du libre-échange ? Avant son invasion, nous avions souvent obtenu d'abondantes récoltes, qui dépassaient les besoins du pays. Comment se fait-il que nos blés n'avaient jamais éprouvé, autrefois, une dépréciation aussi constante, aussi prononcée que celle dont nous souffrons depuis qu'il nous est imposé ?

« Vous vendez maintenant, nous dira-t-on, vos blés 24 fr. l'hectolitre : pourquoi vous plaignez-vous du libre-échange ? »

Tous les Etats exportateurs : l'Allemagne, l'Amérique, dévastés par la guerre ; l'Algérie ravagée par les sauterelles ; la Russie, l'Egypte, ont à peine récolté le blé nécessaire à leur consommation. Ils n'ont pas exporté, le libre-échange a perdu momentanément sa raison d'être, il n'a pas fonctionné. Aussi le blé, de 17 fr. l'hectolitre, est-il rapidement monté à 24 fr., sans cependant compenser les frais faits par le fermier, dont les dépenses ont été les mêmes, quoiqu'il ait éprouvé 1/3 de perte sur la récolte moyenne de 1865. Si l'étranger eût obtenu une récolte abondante, le Libre-Echange lui permettant d'encombrer nos marchés de ses froments au prix de 14 à 15 fr. l'hectolitre, quel eût été le sort du laboureur ?

Des chimistes habiles, au fond de leur laboratoire, amalgameront l'azote, l'hydrogène, l'oxigène, la potasse, etc., et dans de savantes annonces nous offriront ce mélange comme le remède infaillible aux souffrances de l'agriculture.

Les engrais composés ne nous ont pas fait défaut, et quoique chacun d'eux, d'après son pompeux prospectus, dépassât de bien loin, par ses propriétés fertilisantes, tous les engrais connus, les résultats produits par les meilleurs atteignent à peine ceux obtenus avec le fumier ordinaire, avec cette différence que, par un usage trop répété, ils épuisent la terre, et que le fumier naturel l'améliore à la longue. Nous les avons souvent employés, et le blé nous revient de 24 à 26 fr., et, jusqu'à ce jour, nous l'avions toujours vendu de 16 à 17 fr. Là n'est donc pas encore le remède.

Un orateur proposait d'établir, par hectolitre sur les blés étrangers, à leur entrée dans nos ports, un droit de 4 fr.

que l'on aurait abaissé, supprimé même, s'ils montaient à un prix trop élevé. Mais c'est nous faire rétrograder, s'écria-t-on, jusqu'au système suranné de l'Echelle-Mobile.

Eh bien! si telle est l'échelle-mobile, c'est là l'échelle du bon sens, du sens commun, indispensable dans l'intérêt des producteurs et de celui qui consomme.

Malheureusement, dans ce siècle de lumières, dans ce siècle de progrès, le bon sens, le sens commun ne sont pas à l'ordre du jour.

On ne supposera pas, je l'espère, que je sois opposé à la diminution des impôts, à la réduction du contingent fourni à l'armée; mais je suis convaincu que ces concessions seraient insuffisantes, et que les souffrances de l'agriculture, provenant du Libre-Echange et non des causes auxquelles on les attribue, le remède le plus efficace serait sa suppression, celle de l'impôt établi sur les engrais importés en France, et dans un droit variant selon la hausse ou la baisse du prix des céréales.

L'étranger nous livre ses froments à 15 fr. l'hectolitre; pour que nous soutenions la lutte avec avantage, il faudra produire les nôtres à plus bas prix ; nous y parviendrons, je l'espère, mais pourquoi n'avoir pas attendu cet heureux résultat ?

Les améliorations ne s'obtiennent que par la mise dehors d'importants capitaux, et une désastreuse concurrence anticipée nous prive de toutes nos ressources ; singulier moyen de hâter la marche du progrès.

Le Libre-Echange est un enfant malsain arrivé avant terme.

Les libres-échangistes espéreraient-ils se rendre populaires en maintenant le pain à trop bas prix ? Le laboureur ainsi que le fermier, les trois quarts au moins de la population, réduits à la misère, n'emploieraient plus le journalier ; la fortune amoindrie du propriétaire le contraindrait à diminuer ses dépenses, à les régler selon ses revenus, et tous, journaliers, marchands, ouvriers, etc., éprouveraient les tristes conséquences du pain à trop bon marché.

La fortune publique, atteinte dans sa source, le gouvernement serait contraint de diminuer les impôts, de renoncer à l'exécution d'entreprises qu'il jugerait utiles, ou d'avoir recours à l'emprunt, voie facile, mais qui conduit à la ruine. Alors que souffre l'agriculture, cette mère nourricière, les ouvriers, le commerce, le gouvernement, le pays tout entier, reçoivent le contre-coup de ses souffrances, et le Libre-Echange, loin d'obtenir la popularité, n'entendrait que plaintes, que récriminations s'élever contre lui.

Quand toute nouveauté est proclamée un progrès, je conçois que des progressistes quand même inventent, prônent le Libre-Echange ; mais lorsque cette théorie étant depuis longtemps mise en pratique, ils ont pu la juger d'après ses résultats de plus en plus déplorables, je ne comprendrais pas qu'ils s'obstinassent encore à la défendre.

Les commissaires de l'enquête sont les médecins, l'agriculture est le patient.

Un habile médecin est appelé près d'un malade.

— Qu'avez-vous ? lui dit-il.

— Docteur, depuis que je suis un régime nouveau, j'éprouve des douleurs intolérables, continuelles.

— Et autrefois ?

— Autrefois je souffrais, mais rarement.

— Il faut renoncer à votre nouveau régime et revenir à l'ancien, qui peut-être avait quelques légers inconvénients, mais nous le modifierons, nous l'améliorerons.

Dieu veuille que la commission, composée en grande majorité de libres-échangistes, ne maintienne pas le régime funeste que ceux-ci ont prescrit ; espérons qu'elle suivra l'exemple donné par l'habile docteur.

Des membres du Comice agricole de la Mothe-Achard, convoqués au mois de septembre pour répondre aux *très-nombreux articles du Questionnaire* (cent et je ne sais plus combien), ont, à l'unanimité, protesté contre le Libre-Echange.

CONCLUSION.

Le producteur et celui qui consomme ont des intérêts diamétralement opposés, cependant l'un et l'autre ont droit à une égale protection.

Si les intérêts du producteur sont compromis par une trop forte baisse, que l'importation soit défendue. Qu'elle soit autorisée, au contraire, si le consommateur est lésé, s'il souffre d'une hausse trop prononcée; et si, malheureusement, les circonstances l'exigent, favorisons-la par des primes plus ou moins fortes, selon que la misère sera plus ou moins grande.

Mais, dira-t-on, en cas de disette, vous imposez une lourde charge au gouvernement.

Quoi ! le léger sacrifice de quelques millions prélevés sur un budget de 2 milliards, pour soulager la misère publique, une lourde charge ! Jamais argent pourrait-il être mieux employé.

DE RORTHAYS,

Chevalier de la Légion-d'Honneur, ancien membre du Conseil général de la Vendée, ancien président du Comice agricole de la Mothe-Achard.

Nantes, imp. M. Bourgeois, rue Saint-Clément, 115.

www.ingramcontent.com/pod-product-compliance
Ingram Content Group UK Ltd.
Pitfield, Milton Keynes, MK11 3LW, UK
UKHW020526180726
13839UKWH00005B/2334